고향의 새

고창의 새_새 보는 즐거움 세 보는 놀라움

펴 낸 날/ 초판1쇄 2024년 5월 15일
지 은 이/ 유병회

펴 낸 곳/ 도서출판 기역
출판등록/ 2010년 8월 2일(제313-2010-236)
주 소/ 전북 고창군 해리면 월봉성산길 88 책마을해리
경기도 파주시 회동길 363-8 출판도시
문 의/ (대표전화)070-4175-0914, (전송)070-4209-1709

ISBN 979-11-91199-95-6 06490

고창의 새

새 보는 즐거움
세 보는 놀라움

유병회 지음

ㄱ

검은딱새

살면서 가장 즐겁게 사는 요소 중의 하나가 다양한 취미를 갖고 생활하는 것이라 생각했다. 여태 여러 취미생활을 하였지만, 나이 먹어서까지 오래 할 수 있는 것 중 하나가 사진을 찍는 일이다. 사진을 찍는 일은 여행이라는 생각이 든다. 항상 새로움을 찾고, 찾은 것은 저장하여 오래오래 두고 볼 수 있으니 좋다는 생각으로 카메라를 든지가 어느덧 45년 이상이 되었다.

틈나는 대로 이것저것 찍다 보니 내 삶의 최고의 취미는 사진, 그중에서도 생태 사진찍기라는 것을 느끼게 되었고, 그러던 어느 순간 새를 보게 되었다. 새들의 다양한 모양, 크기, 색상, 몸의 구조, 울음소리, 날개 구조, 움직임 등에 매료되었다. 또한, 새들이 서식지에 적응하여 다양한 환경에서 생존하는 방법에 감명받았다.

그러던 차에 자연환경해설사를 하면서 만난 탐방객들이 '저 새소리는 무슨 새 소리일까요?', '저 새는 어떤 새이지요?', '저 새는 텃새일까요. 철새일까요?' 자주 물어보았고, 사진을 찍어 보여주는 것이 좋겠다는 생각으로 새를 찍게 되었다. 그렇게 새 사진을 찍다 보니 고창의 새를 모두 찍어보고 싶은 욕심이 생겼다.

시간 날 때마다 무거운 망원랜즈를 챙겨 새 사진을 찍다 보니 새와 교감하고 소통하는 방법, 그리고 새들의 생태계에서 다양한 역할과 중요성을 깨닫게 되었다. 새들에 피해가 가지 않는 범위 내에서 새들을 보호하는 데 기여할 수 있을 것이라는 즐거운 마음으로 고창의 새를 관찰하며 사진을 찍고 있다.

새를 관찰하고 새 사진을 찍고 이렇게 책을 내기까지 도움 말씀 주신 김동식, 은희태, 박래홍, 박인수 해설사님께 감사를 전한다.

2024년 4월 유병회

고창의 새_맹금류

고창의 새_물새

고창의 새_산새

새를 찍는 것보다 더 중요한 것은

기후변화와 새

학창 시절에는 지금처럼 새들을 깊이 있게 보지는 못했습니다. 어린 시절에는 흔히 볼 수 있었던 새들을 지금은 보지 못하고, 반대로 그때는 보지 못했던 새들을 지금은 볼 수 있는 현상이 기후변화와 관련이 있다고 생각합니다. 예를 들면 올빼미 종류는 예전에 자주 볼 수 있었습니다. 지금은 천연기념물이 될 정도로 자주 볼 수 없습니다. 뜸부기도 옛날에는 논에 지천으로 있어서 '뜸북뜸북' 소리를 내고는 했는데, 지금은 보이지 않고, 추억의 '뜸북뜸북' 소리를 듣기도 어려워요. 이에 반해 옛날에는 못 보던 검은이마직박구리, 솔잣새 등은 잘 보이기도 합니다. 이러한 새들을 기후변화 생물지표종이라고 합니다.

기후변화의 주범은 이산화탄소죠. 이산화탄소는 우리 인간들 때문에 발생해요. 우리가 전기를 쓸 때 이산화탄소가 발생하고, 차를 운전할 때도 이산화탄소가 나오죠. 중요한 건 습지예요. 지구 전체에서 습지는 6퍼센트예요. 습지 6퍼센트가 지구상에 있는 탄소 40퍼센트를 저장하는 기능을 하고 있어요. 그러니까 우리가 습지를 보호하고 없애지 않았으면 기후위기 문제도 발생하지 않았을 테고, 염려할 필요도 없었겠죠. 습지 자체가 자연적으로 기후변화를 해결할 수 있는 해결책이었는데, 그것을 간과하고 골프장 만들고, 공원 만들고, 이것저것 개발하면서 습지가 사라졌어요. 300년 동안 지구상에 있는 습지의 87퍼센트가 사라져 버렸어요.

우리나라의 경우에는 최근 20년 동안 서울시 넓이 3배 이상의 습지가 사라졌어요. 3배 이상이라고 하니 얼마나 많은 습지가 메워졌겠어요. 전 세계의 습지를 파괴하지 않고 보존해 왔더라면 습지가 기후변화를 스스로 해결해 주었겠죠. 새들이 기후변화 때문에 다른 곳으로 이주하는 문제도 생기지 않았을 것입니다. 이게 결국은 우리 인간들이 자초한 일이에요. 문명이 발달하면서 공장이 가동되고, 자동차도 생기고, 편해졌지만 우리는 편익보다 더 크고 많은 것을 잃어버렸어요. 이제 와서 그 사실을 알았죠. 문재인 대통령 때부터 '탄소중립'이라는 말이 나왔어요. 탄소중립은 탄소 발생을 흡수해서 제로화하자는 의미입니다.

우리나라뿐만 아니라 많은 선진국에서 지금 습지를 줄이지 말고 보존하고 늘리자는 운동을 벌이고 있어요. 전 세계적인 추세죠. 그런데 지금도 개발도상국에서는 기후위기 신경 쓸 틈이 없습니다. 얼마 전에 본 TV 프로그램에 몽골이 나왔어요. 몽골에서는 마땅한 땔감이 없으니 소똥, 말똥도 가져다 불을 피웁니다. 그 연기가 이산화탄소가 되고, 지구의 열을 올리는 데 영향을미친다고 하더군요. TV 속 인터뷰를 보니 본인들도 알고 있지만 살기 위해서는 어쩔 수 없다고 하더라고요.

기후가 변화하면서 과거에는 오지 않던 새들이 고창에 오기 시작했어요. 새들은 먹이가 있어야 찾아옵니다. 새들이 찾아오는 조건은 크게 두 가지입니다. 첫째는 먹이, 둘째는 산란할 수 있는 기후 조건입니다. 그런 환경 조건들이 기후변화로 인해서 바뀌었습니다. 작년 같은 경우에는 대표적으로 3~4월에 강추위가 있었습니다. 꽃이 피는 시기에 춥다 보니, 새들이 좋아하는 풀씨나 작은 열매가 정상적으로 나지 않았어요. 새들이 늦가을부터 겨울까지 먹고 살아야 할 씨앗들이 없으니, 원래 있던 새들이 떠날 수밖에 없습니다. 옛날에는 따뜻한 지방에서 볼 수 있었던 새들이 고창으로 올라오는 경우도 있습니다. 예를 들면 긴꼬리딱새가 있습니다. 긴꼬리딱새는 우리나라에서 대부분 섬 지역이나 전남 지역에서 서식했지만, 이제는 고창에도 많이 옵니다.

새의 서식지는 인위적으로 만들어지는 것이 아니라, 기후변화로 인한 이동으로 만들어진다고 해석합니다. 1970~1980년대 접어들어 조류에게 가장 큰 영향을 미쳤던 것이 농약입니다. 옛날 고창 지방에는 황새가 많았어요. 그런데 황새가 잠시 사라졌다가, 최근

에야 오기 시작했습니다. 황새가 없어진 이유는 농약 피해 때문입니다. 뜸부기가 없어진 것도 농약 때문입니다. 과거의 농약과 지금의 농약은 농도가 다릅니다. 과거는 맹독이었고, 지금은 저독성입니다. 농약은 궁극적으로 우리가 농사짓는 데 해로운 생물을 죽입니다. 농약이 죽이는 생선이나 벌레도 다 새의 먹이입니다. 옛날에 쓰던 맹독성 농약이 우렁이, 미꾸라지 같은 저수생물을 다 죽였습니다. 어릴 적에는 물꼬에서 새우를 잡으면서 놀았는데, 지금은 그런 모습을 볼 수가 없습니다. 그게 바로 농약의 피해입니다.

요즘은 저독성 농약을 많이 씁니다. 옛날에 비해 나아졌지만, 저독성이라고 해서 생물을 죽이지 않는 것은 아닙니다. 최근에도 농약을 귤밭에 뿌렸다가 동박새, 직박구리 같은 새 오백 마리가 죽었다는 이야기를 봤어요. 지금도 농약을 뿌리면 새들이 죽습니다. 농약을 쓰다 보면 새들의 먹이인 벌레나 천적이 없어져서 먹이 사슬의 형성이 어렵습니다. 먹이 피라미드가 형성되지 못해, 보기 힘들어지는 새가 많아지고 있습니다. 새들이 건강하게 잘 살아야 우리도 잘 살 수 있지 않겠습니까. 새들을 포함한 생태계와 함께 살아가는 길은 더불어 살 수 있는 환경을 만드는 것입니다.

고창 지역의 생태적인 변화를 이야기하자면, 2010년에 고창 갯벌이 유네스코 람사르 습지로 등록됐어요. 그다음에 2011년에 운곡습지가 환경부 소속 생태보호구역으로 지정됐고, 같은 해 4월 7일에 람사르 습지로 등록됐습니다. 2013년에는 고창 전체가 유네스코 생물권보전지역으로 지정됐어요. 2014년에는 고인돌 유적과 운곡습지가 연계되어 전라북도 최초로 생태관광지역이 됐죠. 생태 지역으로 지정됐다는 것이 중요하다기보다는, 고창의 환경이 좋다는 사실이 증명됐다는 게 중요한 것입니다. 환경은 계속 좋아지고 있기 때문에 앞으로 철새들이나 많은 새가 찾아올 것입니다. 지금 떠나는 새들보다는 옛날에 떠났던 새들, 황새 같은 새들이 다시 찾아오잖아요.

서천의 갯벌, 유부도, 고창 부안 갯벌은 새들의 중간 기착지로서 중요한 역할을 하는 곳입니다. 대부분 철새는 한 번에 12,000킬로미터씩 날아가지 못해요. 그래서 섬을 중심으로 움직여요. 이 섬으로 날아가 하루 쉬고, 저 섬으로 날아가는 식입니다. 섬이 없으면

육지의 해변 쪽으로 가서 조금 쉬었다가 가기도 해요. 고창이 새들에게는 바로 그런 곳이죠. 유심히 관찰하면 잠시 숨 고르고 가는 나그네새들도 볼 수 있어요.

근래에는 고창의 환경이 좋아졌고 시민들의 의식 수준도 높아져 사냥할 일이 없으니, 새들이 살기 좋은 환경이 만들어졌습니다. 그 덕분에 맹금류가 많이 보입니다. 흑두루미나 재두루미도 옵니다. 생태계에 균형이 잡혀서 먹이사슬의 최종 단계에 있는 맹금류가 늘어났고, 맹금류가 늘어났다는 것은 곧 그 아래 먹이사슬도 잘 형성되고 있다는 증거입니다. 들판, 냇가, 강, 저수지를 보면 오리나 새들이 많이 보입니다. 옛날에는 잡는 사람이 많아 개체 수가 늘어나지 못했는데, 요새는 사냥하지 않으니 걱정될 정도로 수가 늘어나고 있습니다. 멸종위기종 1급인 매(송골매)와 멸종위기종 2급인 참매(보라매), 새매, 큰말똥가리 등도 예전에는 보기 힘들었지만, 지금은 많이 보입니다. 그 외에도 고기를 잡아먹는 흰꼬리수리, 물수리 같은 맹금류가 많이 증가했습니다.

새와 함께 지내는 삶

고창에는 텃새도 있고, 여름철새, 겨울철새, 나그네새도 있어요. 길 잃은 새도 있어요. 어떻게 하다 보니 이쪽으로 날아와서, 무리에서 떨어져 이러지도 저러지도 못하는 새를 '길 잃은 새'라고 해요. 그런 새들은 텃새가 됩니다. 나중에 무리가 오면 같이 갈 수도 있어요. 요즘은 '이 새는 무조건 여름철새다, 겨울철새다', 이런 것이 없습니다. 철새가 텃새가 되어 사는 경우가 많아요. 황새도 원래 겨울에만 오는데, 지금은 한 쌍이 일 년 내내 터를 잡고 살고 있어요. 기후변화, 환경 조건에 따라 새들의 생활이 달라진다는 것을 알 수 있습니다.

책마을해리에 오면서도 새로운 새를 발견했습니다. 찍다가 놓쳤는데, 고창에서 처음 본 새였어요. 이렇게 우연히 평상시에 보지 못했던 새들을 발견할 수 있습니다. 이번에 놓친 새는 카메라로 찍었어도 금세 날아가서 얼굴이 잘 보이지는 않을 것 같습니다. 아마 딱새의 종류가 아닐까 싶습니다. 우리가 흔히 볼 수 있는 딱새는 아니었어요. 배는 붉고, 눈썹, 날개 색은 흰색, 털의 색은 검은색을 띠었습니다. 이렇게 끊임없이 돌아다니다 보면 새가 잘 보입니다.

고창에서 새 사진을 찍은 지 어느덧 10년 됐습니다. 전문적으로 찍지는 않았지만, 찍기는 정말 많이 찍었습니다. 옛날에 교과서 사진도 찍고, 풍경 사진도 찍었습니다. 한 번은 산꼭대기에서 사진을 찍다가 굴러 바위에 크게 다친 일도 있었습니다. 풍경을 찍으러 간 일행과 떨어져 새를 쫓아가다가 사고가 났습니다. 새를 찍다가 산전수전을 다 겪어보았어요. 정확히는 대학 학보사 일을 하면서부터 사진을 찍었으니, 모든 경력을 합하면 꽤 오래됐습니다. 46~47년 정도 됐습니다.

새 사진을 찍기 시작하면서 목표를 하나 세웠습니다. 그 지역의 새를 가장 잘 알 수 있는 사람은 새를 탐조하기 위해 가장 많은 시간을 투자하고 관심을 기울이는 사람입니다. 새 박사가 가장 잘 알 수 있는 것입니다. 저는 고창에서 그 역할을 하고 싶습니다. 사람들은 대부분 아름다운 새, 희귀한 새의 장면만을 찍으려고 해요. 물론 아름다운 새를 찍는 것도 좋지만, 더 중요한 것은 생태 교육적인 사진이라고 생각합니다.

저는 교직에도 있었고, 고창에서 쭉 살아왔다 보니, 알고 지내는 후배들이나 제자들이 많습니다. 제자들은 제가 새에 관심이 많은 것을 알아서 '저 새는 무슨 새예요?'라고 자꾸 물어봐요. 그런 질문에 대답하고, 자료를 주다 보니 '내가 새를 더 깊이 있게 알아야겠구나' 싶었습니다. 제가 고창의 새들을 조사하고 교육자료로 만들면 귀중한 자료가 될 것입니다. '아름다운 새만 찾기보다는 고창을 찾는 새들을 다 찍어보자' 다짐했습니다. 고창의 새만을 찍는 사람은 고창에 한 명도 없습니다. 사실 새 사진만 찍는 사람은 드물어요. 다들 많은 사진 종류 중에서 새도 찍는 것이지요. 그래서 제가 '고창의 새'만 찍는 최초의 사람이 되어 새에 관심이 많은 학생, 후배, 군민들에게 새에 대해 속속들이 알려주는 역할을 하고자 합니다.

지난번에는 고등학교 동아리 학생들이 왔습니다. 다들 새에 관심이 많았습니다. 어떻게 새들을 잘 알게 됐냐고 물어봤어요. 고창에서 37년간 교직 생활을 했으니 이 지역 아이들은 다 알고 지냅니다. 아이들은 새에 대해 한 번 알려주면 오랫동안 잊지 않습니다. 책으로 본 것보다 이야기로 들려주는 것이 더 오래 기억에 남습니다. 후배들이나 제자들에게 관심사에 대해 알려줄 수 있는 것은 큰 행복입니다.

10년간 새를 찍어오면서 가장 기억에 남는 경험은 새를 못 찍어 아쉬웠을 때와 여러 새를 찍을 수 있는 뜻밖의 행운을 마주쳤을 때입니다. 나그네새들은 쉽게 찍을 수 없어 안타깝습니다. 나그네새들은 짧게는 30분, 길게는 3일 머무는 새들을 칭해요. 앞서가던 다른 사람은 나그네새를 찍었는데, 내가 찍으려고 하는 순간에는 사라져 버립니다. 부리 아래가 빨간 '진홍가슴'이라는 산새도 담고 싶었는데 담지 못했습니다. 다음 책에는 꼭 찍고 싶었던 새들을 담을 수 있을 듯싶습니다. 그런 아쉬운 경험도 있지만, 내가 이 새 하나만 찍으려고 했는데 우연히 희귀한 새 한두 마리를 더 발견하는 일도 있습니다. 예를 들어 매를 찍으려 했는데 참매를 발견하고, 그다음에 흰꼬리수리를 찍고, 바로 검독수리를 찍는 기회도 있었습니다. 고창에서 맹금류를 많이 찍었습니다. 그런데 붙여주지 않는* 새들은 찍기가 어렵습니다. 그래서 검은등뻐꾸기를 찍지 못했습니다. 그 새를 '홀딱 벗고'라고 해요. 뻐꾸기 소리가 '홀딱 벗고', '홀딱 벗고'로 들려 그런 별명이 생겼습니다. 그 새에게는 접근하기가 어렵습니다. 우연히 어딘가 앉아있을 때 카메라에 잡힌다면, 찍을 수 있죠.

지난해 기뻤던 것은 두견새를 찍은 것입니다. 여기저기 돌다가 어디에서 두견새 소리가 났습니다. 차를 멈추고 내려 살금살금 다가가니 대나무 우거진 밭 아카시아 나무 위에 두견새가 앉아 있었어요. 후진하며 틈 한 군데를 포착해 사진을 찍었습니다. 찍기 어려운 새를 만나고 희귀한 장면을 찍었을 때 정말 행복합니다. 찍을 수 있었던 것을 놓쳤을 때는 참 아쉬워요. 작년에 고창에서 홍여새를 딱 한 번 봤는데 못 찍었어요. 질마재에서 넘어가는 길에 있는 석산에서 트럭이 지나가는데, 그 사이에서 홍여새를 찍을 수 있는 거리

* 전라도 사투리. '곁을 주지 않는다'는 의미이다.

가 안 나왔습니다. 찍으려고 하는 순간 트럭이 지나가서 놓쳤어요. 새 사진은 꼭 내가 찍고 싶다고 해서 찍을 수 있는 것이 아닙니다. 조복(鳥福), 즉 새의 복과 운이 따라야 해요. 제일 중요한 것은 새에 대해서 잘 알아야 합니다. 모르면 절대 새를 찍을 수 없어요.

제가 새 사랑 동호회를 하고 있는데, 동호회 사람들과 함께 흑두루미에게 먹이를 줘요. 고창에 흑두루미가 오게 된 것도 저희가 꾸준히 먹이를 준 덕분입니다. 올해에도 다섯 번 정도 주고 왔어요. 새들은 사람보다 시력이 30배는 더 좋다고 해요. 저 하늘을 나는 기러기 같은 새들은 논 위에 떨어져 있는 볍씨 하나로 세상을 보는 거예요. 새에게는 흥미로운 부분이 많죠.

새 사진을 찍고 싶은 초보자들에게

새들은 기본적으로 동물적 감각이 발달되어 있습니다. 알라꼬리마도요는 한 번 비행하면 12,000킬로미터를 난다고 해요. 시베리아에서 출발해 중국 동부를 지나 우리나라에서 중간 경유하며 오스트리아 남부, 필리핀 남부까지 이동합니다. 새들이 눈으로 보고 알아서 길을 찾아갈 수는 없습니다. 새들은 자기장, 별이나 달, 해의 움직임을 보고 길을 파악하는 감각을 타고났다고 해요. 학자들은 새들이 한 가지 방법이 아니라 다양한 방법을 이용해 비행한다고 말합니다.

사진의 마지막 단계가 새 사진입니다. 새 사진이 어려운 이유는 앞서 말했듯이, 새들은 감각이 뛰어나기 때문에 한 번 놓치면 사진을 찍을 수 없기 때문입니다. 사람이 새에게 접근할 때 지켜야 하는 거리가 있습니다. 황새는 100미터, 어떤 새는 50미터, 또 어떤 새는 30미터예요. 일부 책에서는 적정 거리를 알려주기도 하지만, 새 사진을 찍을 때 공식적으로 정해진 거리는 없습니다. 초보자는 무조건 가까이서 찍으려 합니다. 오래 관찰한 사람은 멀리서 조금씩 천천히 다가가죠. 일단 경험을 통해 새에게 접근해도 되는 거리를 가늠해야 합니다. 새가 날아간다는 것은 결국 사람이 다가가서 피해를 주었다는 것이기 때문에, 반드시 적정 거리를 유지해야 합니다. 또한 어떤 목적이더라도 자연을 훼손해서는 안 됩니다. 새와 자연에 피해를 주지 않기 위해서 망원 렌즈가 필요합니다. 새를 찍는 것보다 더 중요한 것은 관찰하는 것입니다. 우리가 새를 깊이 있게 보기 위해서 사진에 담는 것이기 때문에, 이 마음가짐을 잊어서는 안 됩니다. '새 사진을 찍을 거야!'라는 목적보다는 새를 존중하면서 탐구하는 태도가 중요합니다. 새를 나만 아는 것보다도 다른 사람과 함께 나누면서 자연에 대한 고마움을 느껴야 합니다.

조류 사진을 찍을 때는 예민한 감각이 중요합니다. 예민한 시력과 새의 소리를 알아들을 수 있는 청력이 필요해요. 보통 사람들은 새의 움직임을 잘 모릅니다. 저는 훈련이 되어 있어 새 소리를 듣자마자 '아, 무슨 소리가 들렸는데? 무슨 새가 있는가 보다' 알아채죠. 새를 찾으려면 청각이 중요합니다. 차를 타고 50~60킬로미터를 움직일 때, 차 소리가 울리는 와중에도 조그만 새의 소리, 움직임을 순간적으로 포착할 수 있습니다. 운전하다 새 소리가 들리면 후진해서 새가 있는 곳까지 갑니다. 차 문을 여니 새가 날아갔어요. 그래도 어떻게든 사진에 담았어요. 새를 보는 것도 훈련입니다. 새를 관찰하는 요령이 있어요. 새들은 흰색, 빨간색, 노란색 같은 단색을 아주 빨리 파악합니다. 군복 색처럼 다양한 색이 섞인 얼룩덜룩한 것은 잘 파악하지 못합니다. 그래서 새 사진, 영상 촬영하는 사람들이 얼룩덜룩한 무늬가 있는 텐트를 치고 위장하는 것입니다.

앞으로도 이어 갈 꿈

앞으로도 지금처럼 전남, 충청, 일부 전북권을 누비면서 새 사진을 찍고 싶어요. 새는 알면 알수록 즐거워요. 지금껏 지식을 많이 얻어왔지만, 아직도 스스로 부족하다는 생각을 많이 해요. 여전히 궁금하고, 조사하고 싶은 이야기가 많아요. 자연환경 해설사로서, 새를 좋아하는 한 인간으로서 앞으로도 열렬히 고창의 새를 파고자 합니다.

고창의 새

맹금류

쇠부엉이

Asio flammeus hort-eared owl

올빼미과 | 천연기념물 제324-4호 | 멸종위기 야생생물 2급

겨울철새로, 다른 부엉이와 달리 낮에도 사냥하는 것이 특징이다.

몸길이는 35~41cm이다. 암수 구별이 힘들다. 전체가 엷은 갈색 또는 황갈색이다(깃털 색이 엷은 담색형도 있다). 칡부엉이보다 귀깃이 무척 짧다. 얼굴은 엷은 갈색이며 눈 주변은 갈색으로, 개체에 따라 차이가 심하다. 몸 아랫면은 흑갈색 세로줄무늬가 있으며 아랫배로 갈수록 가늘어진다. 4월 하순에서 5월 상순에 걸쳐 한배에 4~8개의 알을 낳는다.

수리부엉이

Bubo bubo **Eurasian Eagle Owl**

올빼미과 | 천연기념물 제324-2호 | 멸종위기 야생생물 2급

최고의 야간 사냥꾼으로, 매년 번식했던 장소를 다시 이용하는 텃새다. 둥지를 별도로 짓지 않고 암벽의 바위틈 평평한 공간을 번식공간으로 주로 이용하는 대형 맹금류이다. 몸 전체가 산림의 나뭇가지, 줄기 등과 유사한 보호색을 띠고 있어 움직이지 않으면 육안으로 쉽게 찾을 수 없다. 나뭇가지에 앉을 때는 날개를 접고 직립자세로 앉는다. 날 때 소리가 거의 나지 않는 특수한 깃털구조를 가지고 있고, 거꾸로 회전할 수도 있어 사냥 성공률이 매우 높다. 목뼈가 발달하여 양쪽으로 270도까지 고개를 돌릴 수 있어 움직이지 않고도 주위를 살필 수 있다.

몸길이는 60~75cm이다. 전체적으로 황갈색 바탕에 날개는 진한 밤색 비늘무늬가 있으며, 목과 가슴에는 세로로 밤색 줄무늬가 있다. 눈은 주황빛 노란색이며, 발가락은 갈색 털로 덮여 있다. 4월 하순에서 5월 상순에 걸쳐 한배에 4~8개의 알을 낳는다.

수리부엉이 어린 새

수리부엉이 포란

수리부엉이 아기 새

소쩍새

Otus sunia **Oriental Scops Owl**

올빼미과 | 천연기념물 제324-6호 | 기후변화 생물지표종

소쩍새라는 이름은 특유의 울음소리에서 유래했다. 우리나라에서는 예로부터 '솟쩍'하고 울면 솥에 금이 쩍 갈 정도로 다음 해에 흉년이 들고, '솟적다'라고 울면 '솥이 작으니 큰 솥을 준비하라'는 뜻으로 다음 해에 풍년이 온다는 이야기가 전해 내려온다.

여름철새로 4월 중순에 도래해 번식하고, 10월 중순까지 관찰되며, 낮에는 숲속 나뭇가지 위 또는 나무 구멍에서 쉬며 어두워지면 활동을 시작한다.

몸길이는 18~21cm이다. 회색형과 적색형이 있다(회색형이 많다). 전체적으로 옅은 회갈색이며 검은색, 갈색, 옅은 적갈색, 흰 무늬가 복잡하다. 5~6월에 알을 4~5개 낳는다.

새호리기

Falco subbuteo **Eurasian Hobby**

매과 | 멸종위기 야생생물 2급

국내에서는 드물게 번식하는 여름철새. 5월 초순에 도래해 번식하고, 10월 하순까지 관찰된다. 날면서 먹이를 먹기도 한다.

몸길이는 28~31cm이다. 머리 꼭대기는 검은 갈색이고, 깃털의 가장자리는 회색 또는 붉은 갈색이다. 앞이마에서 눈 위로 황갈색 가는 띠가 지나며, 눈 가장자리는 노란색이다. 가슴, 배, 옆구리는 연한 갈색 바탕에 짙은 갈색 세로무늬가 있다. 아랫배는 붉은 갈색이다. 한배에 두세 개의 알을 낳아 28일 동안 품고 28~32일 동안 기른다.

황조롱이

Falco tinnunculus **Common Kestrel**

매과 | 천연기념물 제323-8호

단독생활을 하며 주로 낮게 날거나 정지 비행을 하다가 급강하하여 땅 위 목표물을 날카로운 발톱으로 사냥한다.

몸길이는 30~33cm이다. 수컷은 밤색 등면에 갈색 반점이 있으며 황갈색 아랫면에는 큰 흑색 반점이 흩어져 있다. 머리는 회색, 꽁지는 회색에 넓은 흑색 띠가 있고 끝은 백색이다. 암컷의 등면은 짙은 회갈색에 암갈색 세로얼룩무늬가 있다. 꽁지는 갈색에 검은색 띠가 있다. 4월 초순에 알을 4~6개 낳는다.

매

Falco peregrinus **Peregrine Falcon**

매과 | 천연기념물 제323-7호 | 멸종위기 야생생물 1급

카리스마를 가진 사냥의 명수로, 우리나라 전통 매사냥이 2010년 유네스코 인류무형문화유산에 등재되었다. '송골매'라고 부르기도 한다.

몸길이는 34~51cm이다. 부리가 갈고리 모양으로 구부러져 있고, 힘센 발에는 강한 발톱이 있다. 날개가 길고 뾰족하며 낫 모양으로 뒤로 휘어져 있다. 몸의 윗면은 짙은 청회색이며 몸 아랫면은 흰색이지만, 때론 붉은색을 띠기도 한다. 검은색 자로줄무늬가 있다. 어린 새의 몸 윗면은 옅은 황갈색을 띠며 몸 아랫면은 갈색 세로줄무늬가 있다. 3월 하순에 3~4개 정도 낳는다.

참매

Accipiter gentilis **Northern Goshawk**

수리과 | 천연기념물 제323-1호

겨울철새이며, 나그네새다. '보라매'라 부르기도 한다. 10월 초순에 도래해 3월 하순까지 관찰된다. 드물게 번식하는 텃새이기도 하다.

몸길이는 50~58cm이다. 어릴 때는 갈색을 띠며, 배와 가슴 부위에는 갈색 세로줄무늬가 있다. 성체가 되면 몸색은 전체적으로 검은색이며, 배와 가슴 부위는 흰색과 갈색 가로줄무늬가 있다. 눈 위에 흰 무늬 깃이 있으며, 꼬리가 길다. 부리는 청색을 띠고 있다. 한배 산란 수는 2~4개다.

말똥가리

Buteo japonicus **Eastern Buzzard**

수리과

겨울철새로, 9월 하순부터 도래해 통과하거나 월동하며, 봄철에는 4월 초순까지 머문다.

몸길이는 약 55cm이다. 날개는 넓고 꽁지는 짧다. 몸 윗면은 갈색이고 깃털 가장자리는 붉다. 가슴은 희고 그 아랫면은 연한 황갈색 바탕에 붉은 갈색 가로무늬가 있다. 턱에는 수염 모양의 갈색 얼룩이 있다. 날 때 날개가 브이(V)자 모양인 것이 특징이다. 다른 매류와 달리 홍채가 갈색이다. 높은 나뭇가지에 둥지를 틀고, 5~6월에 한배 2~3개의 알을 낳는다.

큰말똥가리

Buteo hemilasius **Upland Buzzard**

수리과 | 멸종위기 야생생물 2급

겨울철새로, 10월 중순부터 도래해 통과하거나 월동하며, 봄철에는 3월 하순까지 머문다.

몸길이는 61~72cm이다. 말똥가리보다 크고 날개가 길다. 앉아 있을 때 날개가 거의 꼬리 끝까지 다다른다. 머리, 목, 가슴은 연한 갈색이다. 머리가 몸 윗면보다 밝게 보이며, 머리 위는 암갈색 세로줄무늬가 있다. 배, 옆구리, 넓적다리는 암갈색이다. 꼬리는 연한 갈색 또는 흰색이며 암갈색 띠가 있다. 알은 4월에서 6월 사이 2~4개 정도 낳는다.

붉은배새매

Accipiter soloensis Chinese **Sparrowhawk**

수리과 | 천연기념물 제323-2호 | 기후변화 생물지표종

여름철새로, 5월 초에 도래하여 9월 하순까지 관찰된다. 개구리를 주로 사냥한다.

몸길이는 약 28cm이다. 어른 새는 몸 윗면이 어두운 잿빛이고 아랫면은 흰색이다. 가슴과 옆구리는 분홍색을 띤다. 어린 새는 등이 어두운 갈색이며 머리 색이 짙다. 가슴은 흰색이나 얼룩이 많으며, 옆구리에 붉은 갈색 가로띠가 있다. 5월 중순 이후 한배에 3~4개의 알을 낳는다.

새매

Accipiter nisus Eurasian Sparrowhawk

수리과 | 천연기념물 제323-4호 | 멸종위기 야생생물 2급

겨울철새로, 10월 초순에 도래해 월동하며 5월 하순까지 관찰된다. 새매속의 새는 홍채가 이중색으로, 사진으로 쉽게 구분하려면 눈을 보면 된다.

몸길이는 33~41cm이다. 조롱이와 혼동하기 쉽다. 날 때 몸 바깥쪽 첫째 날개깃 6장이 붙어 있지 않고 갈라진다(칼깃 6장). 수컷은 몸 윗면이 청흑색, 귀깃 아랫부분과 가슴 옆부분에 주황색이 있다. 몸 아랫면은 흰색이며 주황색 가로줄무늬가 있다. 암컷은 몸 윗면이 회갈색인 경우가 많다. 몸 아랫면은 흰색에 가는 흑갈색 가로줄무늬가 흩어져 있다. 5월에 한배에 4~5개의 알을 낳는다.

고창의 새

물새

민물가마우지

Phalacrocorax carbo **Great Cormorant**

가마우지과

기후온난화 영향인지 가마우지는 텃새화되어 2010년대 중반부터 기하급수적으로 개체 수가 늘어나고 있다. 배설물 등으로 인해 수목에 백화현상을 일으키고 어족자원을 고갈시키는 등 생태계 교란을 일으키고 있어 생태계 교란종으로 지정해 줄 것을 건의한 상태의 조류이다. 고창의 인천강, 운곡지 등에서 볼 수 있다.

몸길이는 80cm이다. 몸 전체가 검은색이다. 1월쯤 허리 아래쪽에는 흰색의 크고 둥근 점이 생겼다가 번식기가 지나면 사라진다. 꼬리는 가마우지보다 길어서 비행시 다리 뒤로 꼬리가 길게 보인다. 5월 하순에서 7월 사이 한배에 4~5개의 알을 낳는다.

큰고니

Cygnus cygnus Whooper Swan

오리과 | 천연기념물 제201-2호 | 멸종위기 야생생물 2급

가장 애교가 많은 종으로, 누군가의 사랑을 받고 싶어하는 일이 잦다. 사랑을 받고 싶을 때마다 양 날개를 펼쳐 날개짓을 하면서 소리를 내지르며 애교를 부리는 것이 특징이다. 고창의 운곡지, 동림지, 용대지 등에서 볼 수 있다. 우리나라에서 월동하는 동안 주로 마름을 비롯한 풀씨와 풀뿌리 등 식물성 먹이를 취식한다.

몸길이는 1.3~1.5m이다. 성조는 온몸이 균일한 흰색이고, 어린 새는 온몸이 균일한 갈색을 띤다. 부리는 끝이 검정색이고, 기부는 노란색을 띠는데, 이것이 다른 고니류와 구별되는 중요한 특징이다. 한배에 5~6개의 흰 알을 낳는다.

댕기흰죽지

Aythya fuligula tufted duck

오리과

겨울철새로 10월 초순에 도래하며, 4월 중순까지 관찰된다. 낮은 위기의 멸종위기 등급을 받았다. 몸길이는 약 40㎝이다. 암수 모두 뒷머리에 댕기 모양의 깃이 있으나 수컷의 것이 더 길다. 수컷의 몸빛깔은 머리와 목·등은 금속 광택이 나는 검정색이고 아랫면은 흰색을 띠며, 날개 중앙에 뚜렷한 흰 점이 있다. 암컷은 전체적으로 균일한 어두운 갈색이며 옆구리와 배는 엷은 갈색이다. 어린 새는 암컷과 비슷하지만 머리와 몸 윗면은 엷은 갈색, 눈 앞쪽으로 불확실한 흰색 얼룩이 있으며, 뒷머리가 약간 돌출되었다. 갑각류, 연체동물, 수생 곤충, 식물 등을 먹고 산다. 녹색을 띤 회색 알을 5~6월에 낳아 24일 정도 품는다.

댕기흰죽지 암컷

댕기흰죽지 수컷

원앙

Aix galericulata **Mandarin duck**

오리과 | 천연기념물 제327호

겨울철새였으나 전국에서 사계절 관찰되며 산간계류에서 번식한다. 낮은 위기의 멸종위기 등급을 받았다.

옛날에 서로 다른 새인 줄 알고 수컷은 '원[鴛]', 암컷은 '앙[鴦]'으로 따로 이름붙였는데, 나중에 같은 종임을 알고 '원앙'이라 했다고 한다. 화목하고 금실 좋은 부부를 상징한다. 몸길이는 43~51cm이다. 수컷의 몸 빛깔이 아름답다. 여러 가지 색깔의 늘어진 댕기와 흰색 눈 둘레, 턱에서 몸 옆면에 이르는 오렌지색 깃털, 붉은 갈색 윗가슴, 노란 옆구리와 선명한 오렌지색 부채꼴 날개깃털 등을 가지고 있다. 암컷은 갈색 바탕에 회색 얼룩이 있으며 복부는 백색을 띠고 둘레는 흰색이 뚜렷하다. 4월 하순부터 7월 사이 9~12개의 알을 낳는다.

원앙 암컷

원앙 수컷

호사비오리

Mergus squamatus **Scaly-sided Merganser**

오리과 | 천연기념물 제448호 | 멸종위기 야생생물 1급

지구상에 2,400~4,500개체만이 생종하는 것으로, 개체수가 지속적으로 감소하고 있는 겨울철새이다. 초겨울 고창 인천강, 운곡지를 찾고 있다.

몸길이 약 60cm이다. 뒷머리에 검은색 긴 댕기가 여러 가닥 있어 눈에 띈다. 부리는 붉은색으로 가늘고 길며, 끝은 노란색을 띤다. 눈은 검은색이고, 수컷의 몸 윗면은 검은색이며 초록색 광택이 난다. 날개덮깃과 둘째날개깃이 흰색이다. 가슴은 줄무늬가 없는 흰색이다. 암컷은 옆구리에 비늘무늬가 있으며 뒷머리 댕기가 짧다. 번식 시기는 5월에서 8월 사이이다. 부화 시기는 6월이며, 7월에 대부분의 새끼가 둥지를 떠난다.

호사비오리 수컷

호사비오리 암컷

흰비오리

Mergellus albellus **Smew**

오리과

겨울철새로, 수컷은 전체적으로 흰색이며, 눈 주변, 뒷머리, 등이 검은색이다. 암컷은 몸이 전체적으로 회색이다. 눈을 포함한 윗머리는 갈색이고 턱 밑에서 목 밑까지 흰색이고 흰색과 갈색의 경계가 뚜렷하다. 어린 새는 성조 암컷과 매우 비슷해 구별하기 힘들다. 배 중앙부는 흰색 바탕에 회색이 섞여 있다. 낮은 위기의 멸종위기 등급을 받았다. 10월 중순에 도래하며, 3월 하순까지 관찰된다.

몸길이는 31~42cm이다. 알은 크림색이 도는 흰색으로 5~14개 낳는다.

흰비오리 수컷

흰비오리 암컷

흰뺨오리

Bucephala clangula **Common Goldeneye**

오리과

겨울철새이다. 눈 밑과 부리 사이에 있는 흰색의 크고 둥근 무늬가 특징이다. 10월 중순에 도래하며, 3월 하순까지 관찰된다. 낮은 위기의 멸종위기 등급을 받았다.

몸길이는 44~46cm이다. 몸에 비해 머리가 크다. 수컷의 몸 빛깔은 등의 중앙부만 검고 나머지 몸통은 흰색이다. 머리는 광택이 나는 짙은 녹색이며 부리는 붉은색으로 가늘고 길다. 홍채는 노란색이다. 눈앞에 둥근 흰 반점이 있다. 암컷은 등은 회색, 아랫면은 흰색이고 머리는 갈색에 댕기가 있다. 날 때 날개의 흰색 얼룩무늬가 돋보인다. 한배에 9~10개의 알을 낳는데, 하루이틀 간격으로 1개씩 낳는다.

물닭

Fulica atra Eurasian coot

뜸부기과

흔히 통과하는 나그네새 또는 겨울철새였으나 전국에서 번식하며, 사계절 볼 수 있다. 겨울에는 많은 수가 오리류 등과 무리를 지어 월동한다.

몸길이는 약 41cm이다. 전체적으로 몸이 통통하며 온몸이 검정색이어서 흰색 이마가 돋보인다. 부리는 장미색을 띤 흰색이다. 다리는 오렌지색이다. 물갈퀴와 유사한 판족과 날카로운 발톱을 가지고 있어 수영과 잠수에 능하며, 위험할 경우 수면을 박차며 물위를 뛰면서 날아간다. 5~7월에 한배에 6~13개의 알을 낳아 21~23일만에 부화한다. 부화 후 약 28일까지 지속적으로 성장한다. 둥지는 수변부에서 구할 수 있는 갈대, 부들 등을 이용해 수면에서 높이 쌓아 올린다.

쇠물닭

Gallinula chloropus **Common Moorhen**

뜸부기과 | 기후변화 생물지표종

여름철새이다. 뜸부기도 닮고 물닭도 닮았다. 물닭보다 크기가 작다고 하여 '쇠물닭'이라는 이름이 붙었다. 어린 새는 흰배뜸부기와 생김새가 유사하여 헷갈리기 쉽다. 아래꼬리덮깃에는 두 개의 흰색 반점이 있으며, 물닭과는 달리 판족이 없는 긴 발가락으로 물풀 위를 걸어 다닌다. 몸 전체가 검은색이며, 성조인 경우 이마가 붉은색이고, 다리는 연한 녹색을 띤 노란색이다. 낮은 위기의 멸종위기 등급을 받았다. 몸길이는 30~33cm이다. 한배에 5~10개의 알을 낳는다. 습지에 번식하는 물새의 경우, 부화 후 바로 새끼가 둥지를 떠나 어미를 따라다니며 먹이를 먹는다.

물총새

Alcedo atthis **common kingfisher**

물총새과

봄에 한국에서 번식한 뒤 가을에 따뜻한 곳으로 이동한다. 수컷이 암컷에게 물고기를 선물해서 마음을 사서 부부가 되면, 이들은 물가 벼랑에 집을 짓는다. 나뭇가지 등에 앉았다가 총알처럼 날아서 물속 올챙이와 개구리, 물고기 따위를 사냥한다. 낮은 위기의 멸종위기 등급을 받았다.

몸길이는 약 17cm이다. 등은 진줏빛 도는 청색과 선명한 녹색이다. 멱은 흰색이고 가슴과 배는 밤색이다. 목 측면에는 밤색과 흰색 얼룩무늬가 있다. 부리는 검은색을 띠며 기부는 붉은색, 다리는 진홍색이다. 암컷은 아랫부리 기부가 붉고, 어린 새는 그보다 색깔이 흐리며 가슴은 검은색이다. 3월 상순에서 8월 상순 사이에 한배에 4~7개의 흰 알을 낳는다.

백로

Ardeidae **Egretret**

백로과

백로는 백로과에 딸린 새를 통틀어 일컫는 말이다. 몸길이는 30-140cm 정도로, 종에 따라 차이가 크다. 날개 길이가 약 27cm이고, 꽁지 길이는 10cm 가량이다. 우리나라에서 볼 수 있는 대표적인 백로 종류는 왜가리·중백로·중대백로·황로·쇠백로 등이 있다. 이들 중에서 중백로·중대백로·쇠백로만이 흰색을 띠고 있다. 왜가리·해오라기 등은 검은색을 띠며, 붉은왜가리 등은 황색을 띤다.

고창읍에 집단서식지가 있다. 4~5월에 3~5개의 알을 낳는다.

왜가리

Ardea cinerea **Grey Heron**

백로과 | 기후변화 생물지표종

전국의 습지에서 흔히 볼 수 있는 여름철새이다. 쇠백로, 중대백로 등 다른 백로류와 혼성해 매년 동일한 장소에서 집단번식한다. 우는 소리가 '으악-으악'하는 것처럼 들려 '으악새'라고 불리기도 한다.

몸길이는 91~102cm이다. 등은 회색이고 아랫면은 흰색 가슴과 옆구리에는 회색 세로줄무늬가 있다. 머리는 흰색이며 검은줄이 눈에서 뒷머리까지 이어져 댕기깃을 이룬다. 4월 상순에서 5월 중순에 한배에 3~5개의 알을 하루 건너 또는 3~4일 간격으로 1개씩 낳는다.

해오라기

Nycticorax nycticorax **Black-crowned Night Heron**

백로과

흔히 하얀 댕기 달고 날아가는 작은 회색빛 백로라 하며, 암컷과 수컷의 생김새는 동일하다. 머리에 흰색 긴 댕기가 2~3개 있다. 주로 야행성으로, 해질녘부터 활발히 활동을 한다고 하여 '밤물까마귀'라는 별명이 있다.

몸길이는 58~65cm이다. 다른 백로류에 비해 다리가 짧으며, 앉아있을 때는 목이 없는 것처럼 짧아 보이지만, 먹이를 발견하면 목을 길게 늘여 빼 먹이를 사냥한다. 목이 굵어 큰 물고기도 쉽게 삼킬 수 있다. 한배에 낳는 알의 수는 3~6개이며, 알은 이틀 간격으로 낳는다. 암컷과 수컷이 번갈아가며 알을 품는다.

해오라기 어린 새

황새

Cionia boyciana **white stork**

황새과 | 천연기념물 제199호 | 멸종위기 야생생물 1급

1970년대 국내에서 자취를 감추었으나, 1996년부터 복원사업을 진행하여 인공부화 후 자연방사 등으로 전국에서 황새를 만날 수 있게 되었다. 고창에도 70여 마리의 황새가 찾아오고 있으며, 2023년 고창군 공음면 예전리에서 3마리의 새끼를 자연부화하여 건강하게 자라기도 하였다.

몸길이는 1.05~1.12m이다. 날개는 검은색을 띠며 머리와 온몸이 흰색이고, 눈 가장자리와 턱밑은 붉은색의 피부가 드러나 있다. 부리와 날개깃은 검은색이고 다리는 붉은색이다. 백로류와 달리 목을 펴고 난다. 흰색의 타원형 알을 3~4개 낳는다.

흑두루미

Grus monacha **Hooded Crane**

두루미과 | 천연기념물 제228호 | 멸종위기 야생생물 2급

한국의 순천만이 도래지로 잘 알려져 있는데, 고창에서도 최근 200여 마리가 도래하여 월동한다. 10월 중순에 도래하며, 4월 초순까지 관찰된다.

몸길이는 96~100cm이다. 두루미류 중에 소형에 속한다. 이마가 검은색이며 정수리 앞부분에 붉은색 피부가 노출되어 있다. 머리와 목 윗부분은 흰색이다. 몸은 전체적으로 회흑색이다. 어린 새는 머리와 목이 엷은 황갈색이다. 성조와 달리 이마에 검은색이 없으며, 몸깃은 전체적으로 성조보다 진한 흑갈색이다.

뿔논병아리

Podiceps cristatus **Great Crested Grebe**

논병아리과

겨울철새로서 남해안 앞바다에서 1마리 또는 2~3마리씩 나뉘어 지내는 무리를 볼 수 있다. 이동할 때는 중부지방의 하천이나 저수지에서도 눈에 띄는데, 바다보다는 호수를 더 좋아하는 편이다. 헤엄을 잘 치고 잠수에도 능하며, 텃새화되고 있다. 낮은 위기의 멸종위기 등급을 받았다.

몸길이는 약 56cm이다. 국내를 찾는 논병아리류 중 가장 크다. 암수의 깃털 색이 비슷하여 야외에서는 구별이 어렵다. 겨울 깃털은 목의 앞쪽이 약간 흰색으로 보이며 여름 깃털은 겨울 깃털보다 진하다. 여름에는 목 위쪽이 검은색과 진한 밤색으로 보이며 머리꼭대기에는 뒤로 갈래머리 비슷한 검푸른 두 갈래 깃털 다발이 있는 것이 특징이다. 물풀로 접시 모양의 둥지를 짓고, 엷은 청색 또는 흰색 알을 3~5개 낳는다.

뿔논병아리 수컷

뿔논병아리 암컷

논병아리

Tachbaptus ruficollis, Little Grebetle grebe, Helldiver

논병아리과

겨울철새이다. 기후 온난화 영향인지 텃새화되어 사계절 볼 수 있다. 천, 저수지 등에서 흔히 볼 수 있다. 놀라면 잠수하거나 수면 위를 스치듯 달려서 날아간다. 물속으로 잠수해서 작은 물고기, 수생곤충, 다슬기, 새우, 수초 등을 먹는다.

몸길이는 26cm이다. 논병아리과 가운데 가장 작다. 암수 겨울깃의 윗면은 잿빛이 도는 갈색이고 아랫면은 흰색, 목 옆은 옅은 갈색이다. 여름깃은 윗면이 어두운 갈색, 아랫면은 푸른빛이 도는 흰색, 머리 뒤쪽은 밤색이다. 4~9월에 한배에 3~6개의 알을 낳으며, 둥지는 물 위에 떠 있다. 보통 암수로 짝을 지어 세력권을 가지며, 알을 품을 때는 암수가 교대로 품는다.

고창의 새

산새

개개비

Acrocephalus arundinaceus

휘파람새과

여름철새로 '개개비비' 하고 운다 해서 개개비라고 이름 붙여졌으며, 주로 갈대가 많은 곳에 서식한다. 한국에서는 서울시 보호야생생물 대상종으로 지정되어 있다.

몸길이는 17~18cm이다. 등은 올리브 황갈색이고 허리와 위꼬리덮깃은 다소 담색을 띠며, 눈썹선은 흰색이다. 배는 흰색이고 가슴 옆구리에서 겨드랑이까지는 다갈색을 띤다. 가슴에 불확실한 회갈색 세로무늬가 있는 개체도 있다. 5~8월 사이 한배에 4~6개의 알을 낳는다.

노란눈썹솔새

Phylloscopus inornatus **Yellow-browed Warbler**

휘파람새과

나그네새다. 봄철에는 4월 중순부터 5월 중순까지, 가을철에는 9월 초순부터 11월 중순까지 통과하며, 노랑눈썹솔새와 연노랑눈썹솔새로 나눈다.
몸길이는 약 11cm이다. 머리중앙선이 불명확하게 있다. 몸 윗면은 녹회색이며, 머리가 등보다 약간 어둡다. 눈 앞 눈썹선은 노란색이며, 눈 뒤는 흰색에 가깝다. 날개에 황백색 날개선 2열이 명확하다. 셋째날개깃 가장자리는 폭 좁은 흰색이다(봄에는 깃 마모로 인해 흰색 폭이 매우 좁다). 큰날개덮깃 아래쪽(둘째날개깃의 기부)은 진한 흑갈색이다. 아랫부리 기부의 색이 연한 부분은 연노랑눈썹솔새보다 뚜렷하게 폭이 넓다. 6월 중순~7월 중순에 5~7개의 알을 낳는다.

노랑할미새

Motacilla cinerea **Grey Wagtail**

휘파람새과

여름철새이며, 흔히 통과하는 나그네새이다. 3월 중순부터 도래해, 전국에서 번식하고, 7월 중순부터 남하해 10월 하순까지 통과한다. 꼬리를 위아래로 흔드는 특이한 동작을 하며, 강, 계류, 저수지 가까이 서식한다. 몸길이는 약 20cm이다. 몸 윗면은 회색이다. 날개깃은 전체적으로 검은색이며 셋째날개깃 가장자리가 흰색이다. 다리는 살구색으로, 다른 할미새류의 검은색과 차이가 있다. 암컷은 수컷과 비슷하지만 멱이 흰색이며, 몸 아랫면의 노란색이 더 약하다. 드물게 멱이 수컷과 비슷한 검은색 바탕에 흰색 깃이 섞여 있는 개체도 있다. 한배에 알을 4~6개 낳는다.

휘파람새

Cettia borealis **Korean Bush Warblerusharb**

휘파람새과

울음소리가 휘파람과 유사해서 이름붙여졌다. 봄·가을 이동 시기에 한반도 전역을 통과하는 흔한 나그네새로, 한반도 중북부와 이북에서 번식하는 매우 드문 여름철새다. 4월 초순에 도래해 11월 중순까지 관찰된다.

몸길이는 수컷 16.5~18.5cm, 암컷 14~15.5cm이다. 날개가 짧고 꼬리와 다리가 비교적 길다. 섬휘파람새와 비슷하지만 더 크며, 몸 윗면은 녹갈색이 적고 갈색 기운이 강하다. 이마의 적갈색은 앞머리까지 이르지만 점차 연해진다. 멱은 흰색, 가슴과 옆구리는 연한 황갈색이다. 암컷은 수컷보다 유난히 작으며 옆구리의 황갈색 기운이 강하다. 5~8월 사이 불그스름한 초콜릿색 알을 4~5개 낳는다.

콩새

Coccothraustes coccothraustes **Hawfinch**

되새과

국내 전역에서 흔히 월동하는 겨울철새로, 10월 중순부터 도래해 월동하며, 4월 초순까지 통과한다. 몸길이는 15~16cm이다. 머리와 부리가 크고 꼬리가 짧은 땅달막한 체형이다. 부리 주변의 색과 모양으로 쉽게 구분할 수 있다. 수컷의 여름깃은 부리가 청회색이고, 머리는 진한 갈색이다. 둘째날개깃 바깥 우면은 보랏빛 광택이 있는 검은색이다. 눈앞이 검은색이다. 겨울깃은 여름깃과 비슷하지만 부리가 엷은 살구색이고, 몸 아랫면은 여름깃보다 엷은 갈색이다. 암컷의 여름깃은 전체적으로 수컷 여름깃보다 색이 엷다. 머리는 엷은 갈색, 눈앞은 흑갈색이고, 둘째날개깃 바깥 우면은 엷은 청회색이다. 알을 낳는 시기는 5~6월이며, 일 년에 2회 번식한다.

솔잣새

Loxia curvirostra **Red Crossbill**

되새과

국내에서는 해에 따라 불규칙하게 도래해 월동하는 드문 겨울철새다. 10월 중순부터 도래해 월동하며, 5월 초순까지 통과하는 새로, 고창에서는 2023년 11월 처음 볼 수 있었다. 솔잣새는 침엽수 열매를 빼먹는 데 최적화된 부리가 특징이다. 부리가 크며, 윗부리와 아랫부리가 가위처럼 어긋나 있다.

몸길이는 약 16.5cm이다. 수컷은 전체적으로 붉은색이며 날개와 꼬리는 붉은색이 약하게 스며있는 흑갈색이다. 암컷은 머리에서 몸 윗면까지 녹갈색이며 불명확하게 흐릿한 흑갈색 줄무늬가 있다. 허리는 황록색이다. 몸 아랫면은 녹황색이며 아랫배는 때 묻은 듯한 흰색이다. 날개깃은 균일한 흑갈색이다.

검은이마직박구리

Pycnonotus sinensis **Light-vented Bulbul**

직박구리과 | 기후변화 생물지표종

국내에서는 2002년 10월 29일 전북 군산 어청도에서 처음 관찰된 이후 매년 개체수가 증가하고 있으며, 고창에서는 2022년부터 관찰되고 있다.

몸길이는 약 19cm이다. 암수 색깔이 같다. 몸 윗면은 어두운 녹회색이며 날개와 꼬리 일부가 녹황색이다. 앞이마에서 정수리 앞까지 검은색이며, 정수리에서 뒷머리까지 흰색이다. 뒷목에 검은색과 흑갈색 무늬가 있다. 귀깃은 흑갈색이며 흰 반점이 있다. 멱은 흰색이며 앞가슴은 회갈색이다. 배는 노란색 기운이 있는 흰색이다.

개똥지빠귀

Turdus eunomus **Dusky Thrush**

지빠귀과

겨울철새이며 흔한 나그네새로, 10월 초순부터 도래해 통과하거나 월동하며, 5월 초순까지 관찰된다. 얼굴과 몸 아랫면은 검은색이 강하고, 흰 눈썹선이 뚜렷한 것이 특징이다.

몸길이는 23~25cm이다. 개체변이가 매우 심하다. 얼굴과 몸 아랫면은 검은색을 띠며, 얼굴의 흰 눈썹이 뚜렷하다. 배 위쪽은 검은색과 흰색의 비늘무늬가 있으며 아래로 갈수록 연해진다. 수컷의 경우 날개깃의 적갈색 폭이 넓으며, 암컷은 수컷보다 약하여 등색과 차이가 거의 없다. 알을 낳는 시기는 5~6월 중순이다. 알은 청록색 바탕에 붉은 갈색의 얼룩점이 있으며, 4~5개를 낳는다.

흰배지빠귀

Turdus pallidus Pale Thrush

지빠귀과

매우 흔한 여름철새이며 일부가 월동한다. 고창의 이곳저곳에서 육추(알에서 깐 새끼를 키움)하는 모습을 볼 수 있다.

몸길이는 23.5~25cm이다. 암수가 비슷하다. 수컷은 머리가 올리브색을 띤 시멘트색이다. 몸 윗면은 붉은 올리브 갈색이다. 턱밑은 흰색이고, 뺨, 귀깃, 턱 아래 부위는 잿빛이다. 윗가슴은 올리브 잿빛 갈색이며, 옆구리는 엷은 붉은빛을 띤 갈색이다. 배 옆은 올리브 잿빛 갈색이며, 배 중앙은 흰색이다. 윗부리와 아랫부리 끝은 갈색이고, 아랫부리 뒷부분은 황색이다. 다리도 황색이다. 6월에 엷은 녹청색 바탕에 붉은 갈색과 잿빛 쥐색의 얼룩점이 있는 알을 4~5개 낳는다.

딱새

Phoenicurus auroreus **Daurian redstart**

지빠귀과

텃새이며, 단독으로 생활하며 관목에 앉아 꼬리를 까딱까딱 상하로 흔들며 우는 것이 특징이다.

몸길이는 약 14cm이다. 수컷은 이마, 머리꼭대기, 뒷목까지 잿빛이 도는 흰색이고, 등과 어깨는 검은색으로 잿빛 갈색의 가장자리가 있다. 암컷은 이마, 아랫등, 배면까지 연한 갈색이며, 날개 부분에 흰 반점이 있다.

알 낳는 시기는 5~7월이며, 한배에 낳는 알의 수는 5~7개이다. 하루에 1개씩 알을 낳고 마지막 알을 낳은 직후에 알을 품는다.

딱새 암컷

검은딱새

Saxicola maurus **Siberian Stonechat**

솔딱새과

나그네새이며, 여름철새이다. 봄철에는 3월 중순부터 5월 초순까지 통과하며, 한반도 전역에서 번식하고, 8월 중순부터 11월 중순까지 남하한다.

몸길이는 12.5~13.5cm이다. 수컷은 머리, 등, 꼬리가 검은색, 가슴은 등색, 옆목과 아랫배는 흰색, 날 때 어깨와 허리에 흰 무늬가 크게 보인다. 암컷은 몸 윗면은 회갈색이며 등에 흑갈색 줄무늬가 있다. 몸 안쪽 가운데날개덮깃 일부와 큰날개덮깃 일부가 흰색, 턱밑과 멱은 흰색, 가슴과 옆구리는 엷은 주황색, 허리와 위꼬리덮깃은 줄무늬가 없는 엷은 주황색이다. 한배 산란수는 5~7개가 보통이고, 엷은 녹청색에 갈색 점이 찍힌 알을 낳는다.

검은딱새 암컷

긴꼬리딱새

Terpsiphone atrocaudata **Japanese Paradise Flycatcher**

긴꼬리딱새과 | 멸종위기야생동식물 2급

과거 삼광조로 불리었으나 현재 긴꼬리딱새로 종명이 바뀌었다. 여름철새로 정수리에 뒤로 향한 짧은 댕기가 있다. 폭 넓은 푸른색 눈테가 있다. 몸 윗면은 자주색 광택이 있는 검은색이다. 수컷의 긴꼬리와 눈 주변의 야광 테두리가 특징이다. 5월 초순부터 도래해 번식하고, 9월 중순까지 관찰되며, 둥지는 작은 'Y'자 형 나뭇가지 사이에 이끼, 나뭇잎, 거미줄 등을 섞어 컵 모양으로 짓는다.

몸길이는 수컷은 약 44.5cm, 암컷은 약 18.5cm 정도이다. 알을 낳는 시기는 5월이며, 3~5개의 알을 낳는다.

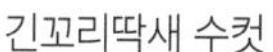

긴꼬리딱새 수컷

긴꼬리딱새 암컷

붉은머리오목눈이

Sinosuthora webbiana Vinous-throated Parrotbill

흰턱딱새과

뱁새라 부르기도 하며, 동작이 재빠르고 움직일 때 긴 꽁지를 좌우로 흔드는 버릇이 있고, 뻐꾸기가 탁란하는 숙주새로, 국내에 찾아오는 뻐꾸기의 대부분이 붉은머리오목눈이 둥지에 탁란을 한다.

몸길이는 약 13cm이다. 몸은 전체적으로 밝은 갈색을 띠며, 정수리와 날개를 접고 있을 때는 적갈색이다. 꼬리는 체구에 비해 긴 편이고, 부리는 짧고 굵으며, 끝이 약간 아래로 굽어 있다. 홍채는 어두운 갈색이며, 다리는 회색을 띤다. 4월~7월 사이에 3~5개의 알을 낳는다.

뻐꾸기

Cuculus canorus **Common Cuckoo**

두견이과 | 기후변화 생물지표종

'뻐꾹뻐꾹' 하고 우는 소리가 특징이며, 탁란(115쪽 참고)으로 잘 알려진 새다. 여름철새로 5월 초순에 도래해 번식하고, 9월 중순까지 관찰된다.

몸길이는 31~32.5cm이다. 머리와 얼굴, 윗가슴, 등은 어두운 회색이며 배와 가슴 아래는 흰색 바탕에 흑갈색 가로띠가 있다. 꼬리는 거무스름하고 끝은 흰 선이 있다. 부리는 검고 뒷부분은 황색을 띤다.

직접 둥지를 만들지 않고 다른 새의 둥지에 알을 낳아 기른다. 둥지 1개에 1~3개의 알을 낳지만 1마리만 성장한다.

두견새

Cuculus poliocephalus

뻐꾸기과 | 천연기념물 제447호

두견이는 휘파람새의 둥우리에 알을 위탁, 포란과 육추를 시키는 것이 많으나, 개개비, 산솔새, 촉새 등 작은 명금류(참새목 참새아목에 속하는 노래하는 조류)의 둥우리에도 탁란한다. 우거진 숲속에 살면서 거의 노출되지 않아 모습을 볼 수 없으나, 번식기가 되면 나무 꼭대기 눈에 잘 띄는 곳에 앉아 열심히 지저귄다. 고창 운곡습지에서 소리는 많이 들을 수 있으나 가까이서 보기 어려운 새다.

몸길이는 25.5~27.5cm이다. 등은 회색을 띤 파란색이고, 아랫가슴과 배는 흰색 바탕에 암갈색 가로줄 무늬가 있다. 산란기는 6~8월이며, 한배에 한 개의 알을 낳는다.

탁란Brood Parasitism

자기가 직접 둥지를 만들지 않고, 알을 다른 새의 둥지에 위탁해 포란시키는 것을 말하는데, 주로 두견이과 새들이 탁란을 한다. 뻐꾸기는 탁란하는 대표적인 조류는 붉은머리오목눈이이며, 딱새 등 작은 새의 둥지에 알을 낳아 탁란을 한다.

곤줄박이

Parus varius **Varied Tit**

박새과

한국에서는 텃새로, 사람을 두려워하지 않는 습성을 가지고 있어서 종종 사람이 만든 새집에 둥지를 짓기도 한다. 손바닥에 땅콩이나 잣 등을 올려놓고 가만히 있으면 날아와 먹기도 하는 귀여운 새다.

몸길이는 약 14cm이다. 폭넓은 검은 줄이 있으며 머리 꼭대기에 흰색 줄이 있다. 몸 아랫면과 뒷목은 주황색이다. 알을 낳는 시기는 4~7월이다. 알은 흰색 바탕에 엷은 자색의 얼룩점이 있으며, 5~8개 낳는다.

꾀꼬리

Oriolus chinensis **Japanese Black-naped Oriole**

꾀꼬리과 | 기후변화 생물지표종

맑고 고운 울음소리의 대명사로 불리며, 특유의 샛노란 깃털이 유명하다. 한자로 황조(黃鳥)라고도 한다. 몸길이는 약 27cm이다. 전체적으로 노란색이다. 폭넓은 검은색 눈선이 뚜렷하다. 날개와 꼬리는 검은색이며 깃 가장자리가 노란색이다. 부리는 약간 크고 붉은색이다. 암컷은 수컷과 비슷하지만, 몸 윗면이 녹색 기운이 있는 노란색이다. 첫째날개덮깃의 노란색 반점이 수컷보다 작다. 5월에 번식하며, 한배 산란수는 3~4개다. 포란기간은 18~20일이다.

노란턱멧새

Emberiza elegans **Yellow-throated Bunting**

멧새과

전국 각지에 폭넓게 서식하는 대표적인 텃새이며, 흔하게 통과하는 나그네새다. 이동 무리는 3월 초순부터 4월 하순까지 북상하며, 9월 초순부터 11월 하순 사이에 남하한다.

몸길이는 14.5~16cm이다. 솟아오른 머리깃과 노란 눈썹선이 특징적이다. 정수리는 검은색이며 뒷머리가 노란색이다. 눈앞과 귀깃은 검은색, 멱은 노란색이다. 가슴에 크고 검은 반점이 있다. 허리와 위꼬리덮깃은 회갈색이며 줄무늬가 없다. 암컷은 정수리와 귀깃이 갈색이다. 눈썹선은 담황색, 가슴에 역삼각형 흑갈색 반점이 있다. 5~7월에 걸쳐 번식하며 한배 산란수는 5~6개이다.

북방검은머리쑥새

Emberiza pallasi **Pallas's Reed Bunting**

멧새과

겨울철새이며, 나그네새다. 10월 중순부터 도래하며, 4월 하순까지 관찰되는데, 고창에서는 해변 갈대숲, 관목이 있는 곳에서 볼 수 있다.

몸길이는 14.5~15cm이다. 부리가 작고 뾰족하다. 윗부리 색은 어두우며 아랫부리는 분홍색, 작은날개덮깃은 청회색(성조) 또는 회갈색(암컷, 1회 겨울깃 개체), 허리는 회백색이다. 여러 마리가 간격을 두고 죽은 갈대 줄기에 비스듬히 매달려 먹이를 찾는다. 놀라면 빠르게 날아 갈대숲으로 사라진다. 먹이는 각종 잡초 씨앗, 곤충류 등이다.

동고비

Sitta europaea **Eurasian Nuthatch**

동고비과

동고비는 발가락이 앞에 3개, 뒤에 1개 있다. 발톱이 날카로워 나무에 박고 지나갈 수 있어 모든 방향으로 나무를 탈 수 있다. 딱따구리가 버린 둥지나 새집 등을 이용, 진흙으로 둥지를 짓는다.

몸길이는 약 13.5cm이다. 몸 윗면은 잿빛이 도는 청색이고 아랫면은 흰색이다. 겨드랑이와 아래꽁지덮깃에는 밤색 얼룩이 있다. 부리에서 목 뒤쪽으로 검은색 눈선이 지난다. 알을 낳는 시기는 4~6월이며, 한배에 7개의 알을 낳는다.

동박새

Zosterops japonicus **Japanese White-eye**

동박새과 | 기후변화 생물지표종

눈 주위에 흰색 고리가 특징이며, 꽃의 꿀을 매우 좋아하기 때문에 개화 시기에 주로 꽃 근처에서 많이 보인다. 귀여운 동작을 많이 하는 새다.

몸길이는 11~12cm이다. 암컷과 수컷의 생김새는 동일하다. 몸 윗면은 녹황색이며, 멱에서 윗가슴까지 노란색, 가슴 옆과 옆구리에 갈색 무늬가 있다. 배 중앙부는 흰색 바탕에 매우 희미한 노란색 기운이 있다. 아래꼬리덮깃은 노란색이다. 홍채 색은 번식기에는 엷은 갈색이며, 번식 후 진한 갈색으로 바뀐다. 5월에 번식하며 한배에 알 4~5개를 낳는다.

팔색조

Pitta nympha **Fairy Pitta**

팔색조과 | 천연기념물 제204호 | 멸종위기 야생생물 2급

세계자연보전연맹 적색자료목록에 취약종(VU)으로 분류된 국제보호조다. 여름철새로 고창에서 번식하는 모습이 확인되었다. 팔색이라는 다양한 색을 지닌 덕분에 개성과 매력이 많거나 다양한 재능을 가진 사람 또는 색다른 이미지를 자주 보여주는 사람의 대명사로도 쓰인다.

몸길이는 약 18cm이다. 몸에 비해 머리가 크고 꼬리가 짧다. 머리는 적갈색이며 가는 검은 머리중앙선이 있다. 눈선은 검은색이며 눈썹선은 황백색이다. 몸 윗면은 녹청색이며, 허리는 밝은 남색이다. 첫째날개깃은 검은색이며 기부에 흰 반점이 있다. 가슴과 옆구리는 엷은 노란색이며 배 중앙에서 아래꼬리덮깃까지 붉은색이다. 다리가 상대적으로 길다. 한배에 4~6개의 알을 낳는다.

큰오색딱따구리

Dendrocopos leucotos **white-backed woodpecker**

딱따구리과

중형의 흔하지 않은 텃새이며, 경계할 때 '키욧, 키욧'하는 울음소리를 내는 것이 특징이다. 딱따구리는 강하게 나무를 쫄 때는 목을 빳빳하게 유지한 채 일직선으로 쪼기를 한다. 이를 통해 회전력으로부터 발생하는 충격을 완화하고 목뼈 손상을 거의 완벽하게 피한다고 한다. 이로써 뇌진탕과 같은 두통을 피할 수 있다.

몸길이는 25~28cm이다. 등의 색깔이 고르게 검고 허리가 흰색이며 오색딱따구리보다 조금 크다. 날개에는 흰색 세로띠가 있고 어깨에는 흰색 얼룩이 없다. 수컷은 정수리 전체가 진홍색이고 암컷은 검다. 암수 모두 아래꽁지깃은 분홍색이다. 4월하순부터 한 배에 3~5개의 알을 낳는다.

오색딱따구리

Dendrocopos major **great spotted woodpecker**

딱따구리과

텃새이며, 아래꼬리덮깃은 진홍색이며 검은색, 흰색이 어우러진 딱따구리이다.

몸길이는 20~23cm이다. 수컷은 윗목에 진홍색 얼룩무늬가 있으며 어린 새는 암수 모두 머리 꼭대기 전체가 진홍색이다. 가슴은 하얗고 어깨에는 흰색 큰 얼룩무늬가 있다. 쉽게는 머리의 빨간색 털의 위치로도 구분할 수 있다. 큰오색딱따구리와 비슷한 외형이지만, 가슴에 줄무늬가 있는 큰오색딱따구리와 달리 오색딱따구리의 가슴 부분은 하얀색 민무늬이다. 고창에서는 운곡습지 버드나무와 은사시나무에 많이 서식하고 있다. 5월 상순에서 7월 상순까지 한배에 4~6개의 알을 낳는다.

쇠딱따구리

Dendrocopos kizuki Japanese pygmy woodpecker

딱따구리과

딱따구리 중 가장 몸집이 작기 때문에 '소(小)딱따구리' 라고 하던 것이 '쇠딱따구리'가 되었다고 한다.

몸길이는 약 15cm이다. 몸 윗면은 잿빛이 도는 갈색이며 등과 날개를 가로질러 흰색 가로무늬가 나 있다. 멱은 흰색이고 나머지 아랫면은 연한 갈색이다. 가슴과 옆구리에는 갈색 세로무늬가 있다. 암수 모두 흰색 수염줄무늬가 있다. 5월 상순에서 6월 중순에 한배에 5~7개의 알을 낳는다. .

청딱따구리

Picus canus **grey-headed green woodpecker**

딱따구리과

몸의 깃털이 옅은 녹색을 띤다고 하여 '청딱따구리'라는 이름이 붙었다. 수컷 머리에는 붉은 깃털이 있으나 암컷에는 없어 암수를 구분할 수 있다. 번식기에는 '히요, 히요' 또는 '삐요오, 삐요오' 하고 높은 소리로 운다. 산림 속의 교목 줄기에 자신이 구멍을 뚫고 둥지를 만든다. 낮은 위기의 멸종위기 등급을 받았다.

몸길이는 25~28cm이다. 수컷의 앞머리는 붉고 턱선은 검다. 암컷은 머리가 회색이고 턱선은 검은색, 배는 녹회색, 허리는 노란색을 띤다. 암수 모두 첫째날개깃에는 흑갈색이나 흰색의 가로무늬가 있다. 4월 하순에 흰색 알을 3~5개 낳는다.

어치

Garrulus glandarius **Eurasian Jay**

까마귀과

산에 사는 까치라고 해서 '산까치'라고 불리기도 하며, 먹이가 없는 겨울을 대비해 간혹 먹이(도토리 등)를 다람쥐처럼 저장해 놓기도 한다.

몸길이는 약 33cm이다. 암컷과 수컷의 생김새는 동일하다. 몸은 회갈색이며 파란색 광택의 독특한 날개덮깃에 검은 줄무늬가 있다. 부리는 강하며, 특히 아랫부리는 높고, 윗부리와 아랫부리 끝은 약간 곡선 형태로, 전체 형태를 옆에서 보면 다소 포물선 모양이다. 한배에 낳는 알의 수는 5~6개이다.

호반새

Halcyon coromanda **Ruddy Kingfisher**

물총새과

'수연조(水戀鳥)'라 부르기도 하며, 여름철새로 5월 초순에 도래하며, 9월 하순까지 관찰된다.

몸길이는 약 27.5cm이다. 전체적으로 진한 주황색이며, 암수 구별이 힘들다. 허리에 폭 좁은 푸른색 세로줄무늬가 있지만 야외에서 잘 보이지 않는다. 몸 아랫면은 몸 윗면보다 색이 연하다. 붉은색 부리는 크고 굵다. 다리는 매우 짧다. 어린 새는 전체적으로 성조보다 엷은 주황색이다. 몸 아랫면은 엷은 흑갈색 비늘무늬가 있다. 부리의 색은 성조보다 엷다. 산간 계곡, 호수 주변의 울창한 숲속에서 생활하며, 물고기, 곤충, 개구리 등을 먹는다. 6월 중순부터 알을 4~5개 낳아 19~20일간 포란한다.

황여새

Bombycilla garrulus **Bohemian Waxwing**

여새과

겨울 철새이다. 주로 나무 위에서 생활하고, 황여새와 홍여새는 아주 비슷하여 늘 무리지어 함께 다닌다. 꼬리 끝부분이 노란색이 황여새, 꼬리 끝부분이 붉은색이 홍여새로 구분되는 아름다운 새다. 운곡지 주변에서 가끔 볼 수 있다. 이 새의 한자 이름은 '태평작(太平雀)'인데, 이 새가 모여 울면 태평한 시절이 온다고 믿었다.

몸길이는 18~20cm이다. 깃은 분홍빛을 띤 갈색이며 댕기는 분홍빛이 도는 밤색, 멱밑과 멱, 눈선은 검정색이다. 날개는 어두운 갈색이며 첫째날개깃과 둘째날개깃의 끝이 흰색이다. 6월에 4~6개의 알을 낳는다.

후투티

Upupa epops saturata **hoopoe**

후투티과

흔하지 않은 여름 철새로, 머리에 깃털을 꽂고 망토를 두른 인디언 추장과 같은 모습을 하고 있어 추장새라 부르기도 한다. 고창에서 겨울철에도 후투티가 자주 발견되고 있다. 많은 종류의 조류들이 텃새화되는 현상이 있는데, 후투티도 점차 그런 현상을 보이고 있다.

몸길이는 약 28cm이다. 날개 길이는 약 15cm이다. 깃털은 검정색과 흰색의 넓은 줄무늬가 있는 날개와 꽁지, 그리고 검정색 긴 댕기 끝을 제외하고는 분홍색을 띤 갈색이다. 4~6월에 5~8개의 알을 낳는다.

흰점찌르레기

Sturnus vulgaris **Common Starling**

찌르레기과

국내에서는 찌르레기 무리에 섞여 드물게 통과하는 나그네새이며, 중부와 남부 지역에서 적은 수가 월동한다.

몸길이는 약 21cm이다. 암수 색깔이 같고, 부리가 가늘고 찌르레기보다 작으며, 날개는 흑갈색, 깃 가장자리가 황갈색, 흰점의 모양이 하트 모양과 같다. 단독 또는 작은 무리를 지어 행동하며, 찌르레기 무리에 섞여 이동하는 경우도 있다. 어린 새는 전체적으로 균일한 회갈색이다. 몸 아랫면은 색이 연하며 특히 멱은 흰색에 가깝다. 눈앞, 부리, 다리는 검은색이다.